鲸之书

〔意〕安德列·安蒂诺里 绘著　　和铃 译

人民文学出版社
PEOPLE'S LITERATURE PUBLISHING HOUSE

这个正在安静垂钓的男人根本不知道

在他的船底下有一头**座头鲸**，

它似乎对他的钓钩很感兴趣。

如果它一口吞下诱饵，也许会出事情。

你以为，这头座头鲸会吃掉这个男人吗？

当然不会！根本不是这回事。

座头鲸很善良，它们不吃人！

问题是，这个男人可能会掉入水中，

因为**座头鲸**太重了，他没法把它钓上来。

等等，我差点忘了说……

你知道座头鲸是什么吗?

你知道你是怎么知道的？

哦，当然，

如果你打开这本书，就说明你对鲸很感兴趣！

但我确定，还有很多关于鲸的事情你并不知道。

冷静冷静，我并不想让你太着急，

我只是有点唠叨，

当你翻阅这本书的时候，

我会告诉你关于座头鲸和其他鲸的一切。

目 录

它们不是鱼吗？

不，先生，

鲸是哺乳动物，就像我们一样。

特别值得一提的是，鲸和海豚很像，它们都属于鲸目，

是在水中度过整个生命周期的哺乳动物。

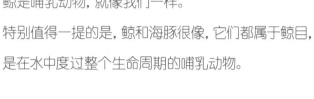
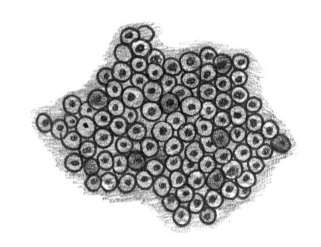

所以，它们是哺乳动物意味着什么呢？

和鱼不同，鲸是有**乳腺**的，

在宝宝出生之后，鲸妈妈会给宝宝喂奶。

而鱼是**产卵**的，

当鱼卵孵化后，

鱼宝宝们就能自己觅食。

哺乳动物是**温血动物**（又称恒温动物），

它们能自己调节身体的温度。

而鱼是**冷血动物**（又称变温动物），

它们的体温会根据它们所在水域温度的变化而变化。

当然，不是所有的鱼都是如此。

有些鱼，如金枪鱼、剑鱼和某些种类的鲨鱼，

有一个独立的体温调节系统，就像哺乳动物一样。

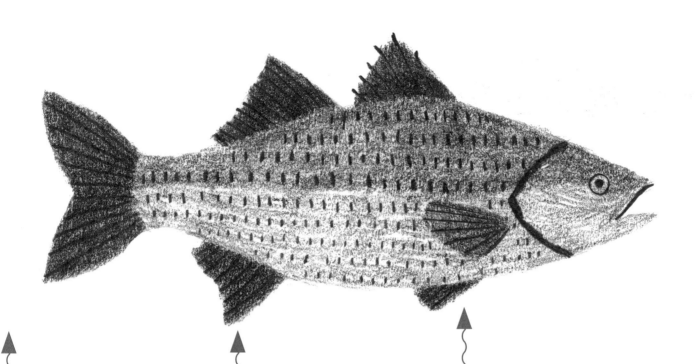

鲸的尾巴都是水平的，
游动的时候上下摆动；
而**鱼的尾巴**是垂直的。
游动的时候左右摆动。

鲸类的皮肤滑溜溜的，
就像人类的皮肤；
但**鱼类的皮肤**外有一层坚硬的
鳞片。

鲸有**肺和呼吸孔**，
呼吸孔的作用就和我们的鼻子的
功能一样，所以它们需要游到水面
去呼吸；
鱼类则通过它们的**鳃**从水里摄取
氧气。

一位优秀的模仿者

鲸鲨

目: 须鲨目

科: 鲸鲨科

长度: 12~20米

重量: 18~34吨

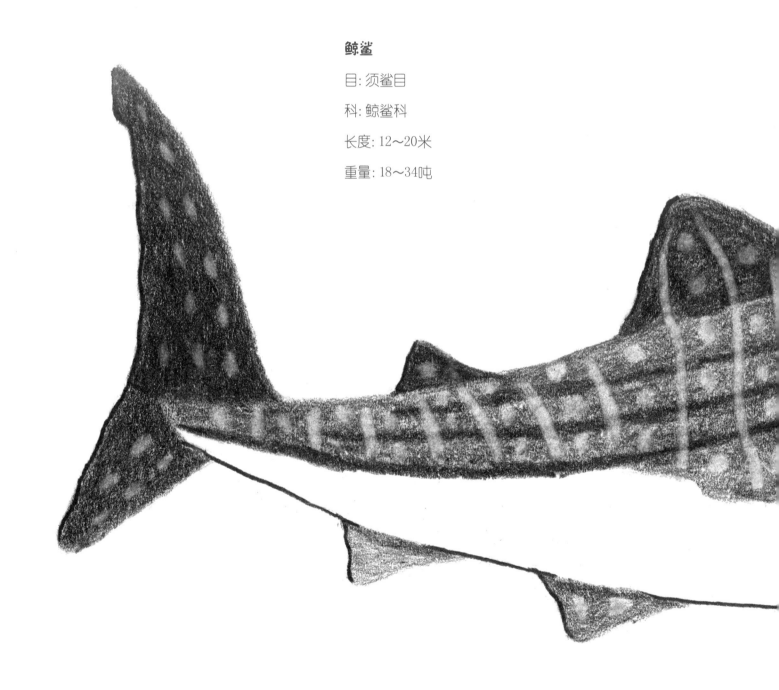

有这样一种鲨鱼,它非常希望自己看上去像一头鲸,所以就拼命长大!

我说的就是**鲸鲨**,它是世界上最大的鱼。不过千万不要害怕,它对人类完全是无害的。为了像一条鲸,它连捕食方式都模仿鲸:和其他鲨鱼不同,鲸鲨不吃其他大动物,而是像须鲸一样,将海水吸入嘴中,过滤后吃海水里的浮游生物。但别忘了,鲸鲨毕竟属于鱼类,它用**鳃**呼吸,繁殖后代也是靠**产卵**,即使这些卵是在鲸鲨体内孵化的。

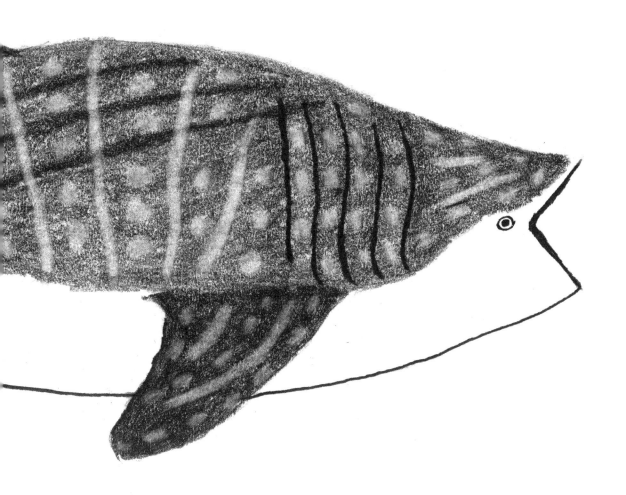

鲸的须……

鲸可以分为两类:
须鲸和齿鲸。

什么是须鲸呢?
什么又是齿鲸呢?

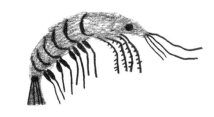

须鲸

须鲸更符合我们心目中鲸的形象,在大部分情况下,它们的
体形也比齿鲸更庞大。之所以有这样的名字,是因为它们没
有牙齿,取而代之的是位于上颌的**鲸须板**。

须鲸只吃小生物,例如磷虾或小型鱼类,它们不需要牙齿来
捕或咬食物。当它们需要将食物从海水中过滤出来的时候,
鲸须板就十分有用了。

齿鲸有七十个不同的种类,相比之下须鲸只有十一种。

你注意到了吗?
鲸须板看上去像梳齿。

或鲸的齿?

 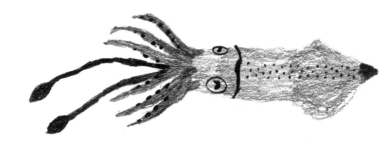

齿鲸

齿鲸是最小的鲸类。它们大部分都和海豚相似,海豚也是齿鲸中最有名的成员。但是也有一些齿鲸,例如抹香鲸和虎鲸,更接近通常意义上的鲸。

你听说过世界牙科专家吗?

我说的就是牙医,给牙齿看病的大夫。

"牙科专家 (Odontologist)"的英语读音就有点像"齿鲸亚目 (Odontoceti)"的读音。齿鲸亚目是一个分类学的名称,在希腊语中的意思就是**长牙齿的鲸**。

这些鲸捕食大型动物,例如乌贼、各种尺寸的鱼类。然而,齿鲸的牙齿和我们的不一样,有很多种形状,以适应不同的需要。但所有的齿鲸都拥有圆锥形的尖牙,它们就像迷你的鱼叉,可以用来咬住猎物,这样齿鲸就可以把猎物整个吞下。

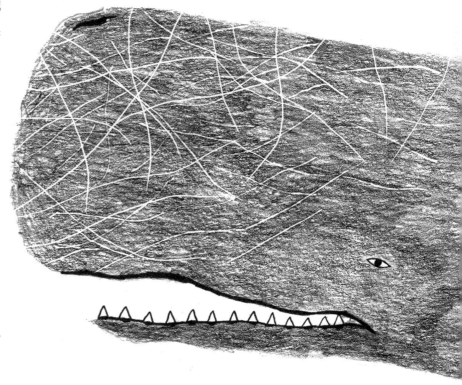

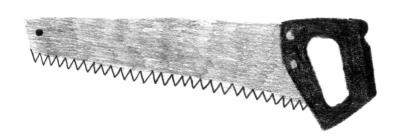

现在来看看**齿鲸**的牙齿,
你禁不住会想,这多像一把锯子啊!

很久很久以前

鲸并不一直都是海洋动物，这是长期进化的结果！
起初，它们有腿，和其他哺乳动物一样在陆地上行走。

第一种出现在地球上的**鲸类**是巴基鲸，它们生活在五千
多万年前。

印多霍斯

五千多万年前

长度: 40～70厘米

巴基鲸

五千五百万年前

长度: 100～160厘米

陆行鲸

五千万年前至四千八百万年前

长度: 3米

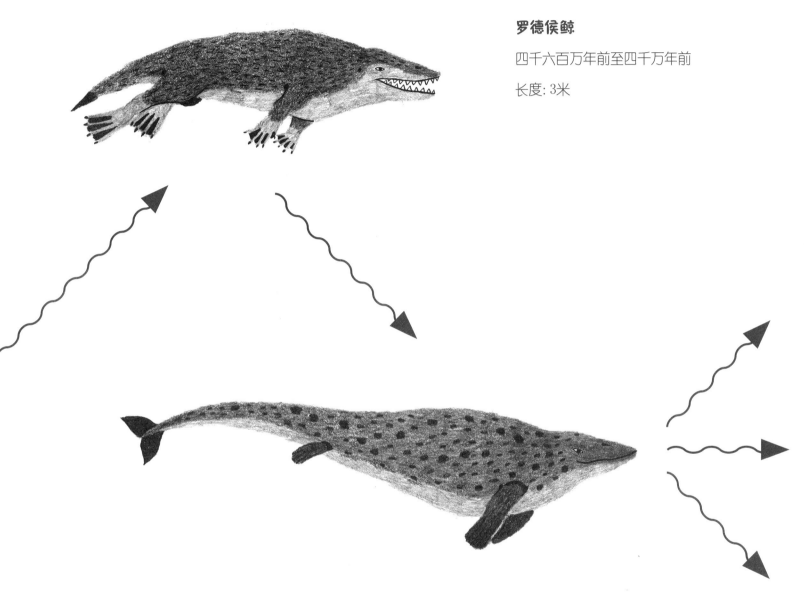

罗德侯鲸

四千六百万年前至四千万年前

长度: 3米

矛齿鲸

四千一百万年前至三千三百万年前

长度: 5米

远古鲸类属于**古鲸亚目**, 它们和**有蹄类动物**很相似, 例如骆驼、奶牛、马, 特别是河马。生活环境从陆地到海洋的转变, 是一个漫长的过程。它们的后腿越来越细, 直至消失, 尾巴越来越发达, 变成了适合游泳的尾鳍。

现在

当我们谈论鲸的时候，通常指的是那种庞大的鲸类，

但其实有些鲸要比我们想象中小很多。

让我来进一步解释一下，

须鲸亚目分为**三个科**。

露脊鲸科

（弓头鲸）

须鲸科

（长须鲸）

灰鲸科

（灰鲸）

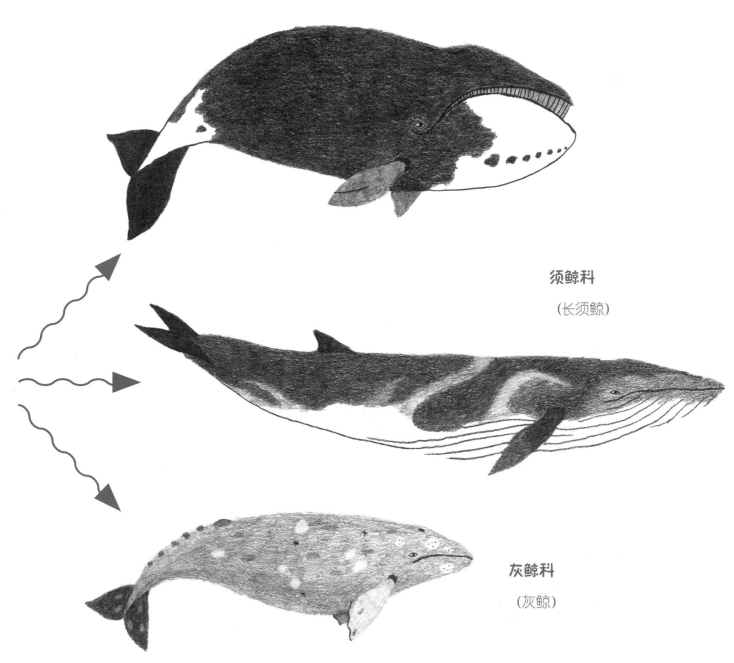

露脊鲸科的成员是鲸类中最强壮的，

它们从来没有着急的时候，

总是优哉游哉、慢慢吞吞地游着。

只要看脑袋就能辨认出它们，

那上面有一个巨大的、典型的拱形隆突。

它们的脑袋非常大，

有的甚至占整个身体的三分之一。

它们的**鲸须板**也特别长，

可达3米。

长须鲸有两个特点，

使它在众须鲸中很好辨认。

首先，它的背部有一个额外的鳍，即背鳍。

除此之外，它的身体下方有很多褶沟。

这些褶沟能让口腔大幅扩张，

无论想吞入多少食物，

嘴都可以容纳。

苗条而修长的体形，

使它非常适合在水中高速游泳。

它的名字在希腊语中的意思

是"长翅膀的鲸"，

因为它有细长的胸鳍。

灰鲸科是最奇怪的，

它只有一名成员，就是灰鲸。

如果你仔细看，

灰鲸有点像露脊鲸科和须鲸科的混合体，

既有像露脊鲸的驼峰状隆突，

也有像须鲸科鲸的**背鳍**，

腹部甚至还有须鲸那样的**褶沟**。

同时，它还有露脊鲸科鲸的**曲线轮廓**，

即使看上去不太明显。

它的体形大小也居于另两科之间：

比露脊鲸科的鲸瘦小，

但比须鲸科的鲸强壮。

谁更大？

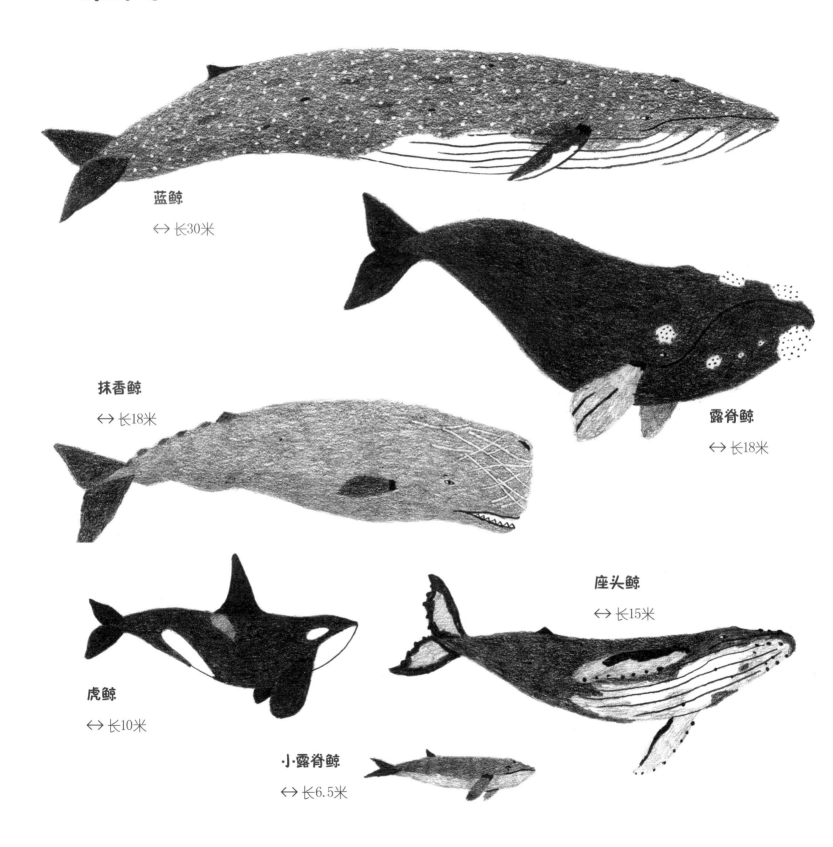

蓝鲸

↔ 长30米

抹香鲸

↔ 长18米

露脊鲸

↔ 长18米

座头鲸

↔ 长15米

虎鲸

↔ 长10米

小·露脊鲸

↔ 长6.5米

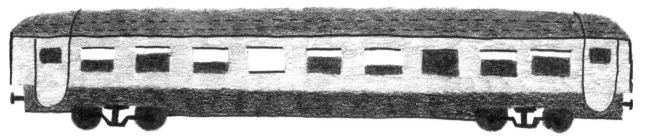

火车车厢

↔ 长26米

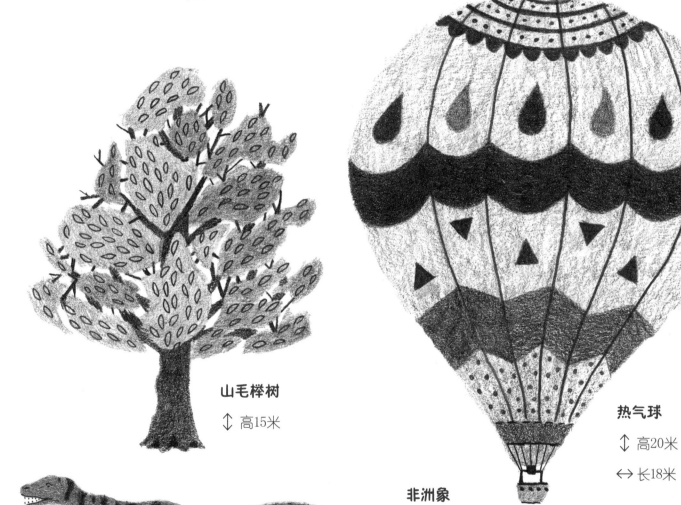

山毛榉树

↕ 高15米

热气球

↕ 高20米

↔ 长18米

非洲象

↔ 长6.5米

霸王龙

↕ 高8米

↔ 长13米

人

↕ 高1.7米

嘴里的水

当须鲸吃东西的时候，需要确保自己不会喝入海水。

当你生活在海里的时候，要做到这点并不容易！

幸运的是，它们有鲸须板，这是帮它们解决这个问题的法宝。

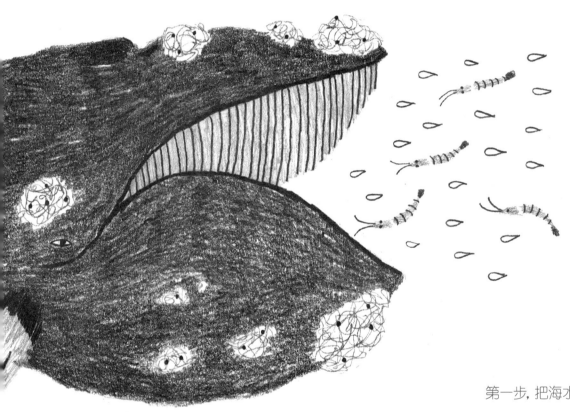

第一步，把海水和食物一起吸入嘴中，

不同的鲸有不同的做法。

露脊鲸科的鲸慢吞吞地游向海面，

一刻不停地吃东西；

须鲸科的鲸却不一样，

它们的速度要快得多，

须鲸张大嘴巴，扑向猎物，

吸入含有食物的海水。

一旦全进嘴里了，它们就需要把海水排出去，
并保证它们的猎物不逃走！
密集的鲸须如同一个过滤器：
它们利用舌头，
让海水通过鲸须出去，
但捕获到的磷虾和小鱼则被鲸须挡住，
依然留在鲸的嘴巴里。

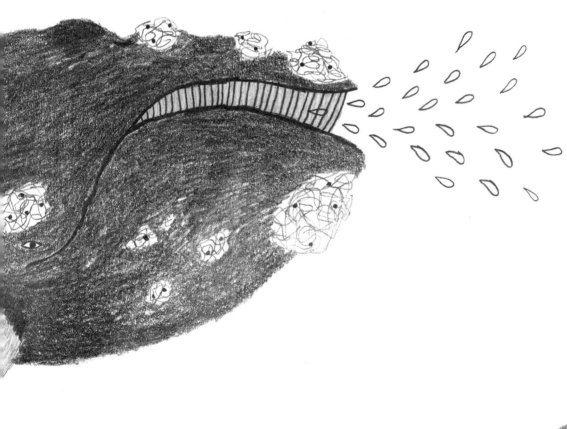

你可以这样想，
鲸须板就像一个滤斗，
水和食物一起进去，
但食物留了下来，
水都流走了。

一口吞下

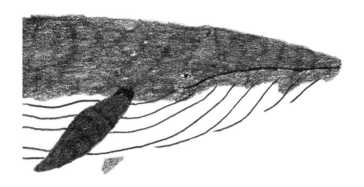

从嘴巴一直到肚子，

蓝鲸的身体下面有很多褶沟，

这些特别的皱褶松弛下来时，

可以让蓝鲸的嘴巴张大到极致，变成一个惊人的大空洞，

这样，不管多少鱼都能吞入口中。

没有什么比鲸捕食的场景更壮观了。

当你能一口吞下一所学校的时候，

为什么还要每次只追一条鱼呢？

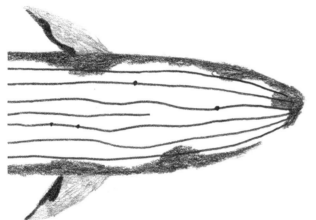

你见过手风琴吗？

当手风琴演奏的时候，

它中间的风箱就会伸展开来，

就好像蓝鲸的皱褶一样。

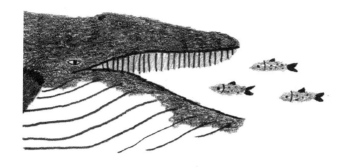

这只是开始……

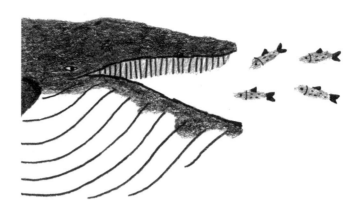

还不到一半!

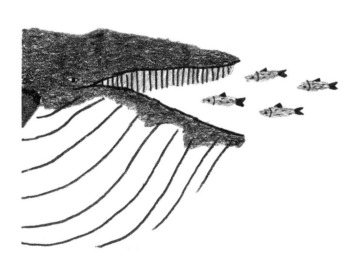

还有空间可以容纳……

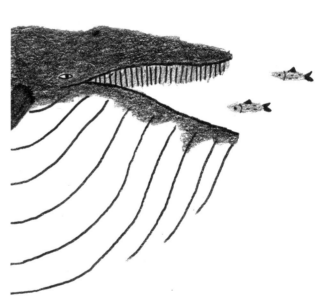

最后还能再塞两条, 我保证!

一头蓝鲸的嘴巴可以容纳相当于它整个体重三分之一的食物和海水。

也就是说, 如果一头蓝鲸重约180吨的话,

它的嘴巴能容纳60吨的量。

鲸的美食

鲸吃过匹诺曹吗?

你一定搞错了,那多半是一头角鲨!

鲸不吃人,更别提木头人了!

不是因为它们不喜欢吃,而是它们无法吃。

鲸不咀嚼它们的食物,而是囫囵吞下。

在食物到达它们的胃之前,会先通过咽部,

即使鲸的体形很大,它们的咽部也就像一个沙滩排球那么大,

甚至连最瘦的人类都无法通过那里。

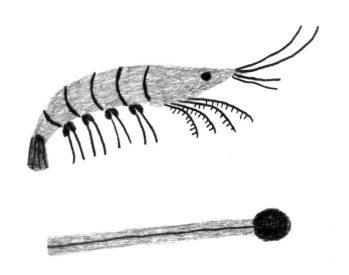

那么它们是如何满足食欲的呢?

如果它们不能吃大的食物,那么就吃很多小的食物!

鲸最喜欢吃的就是磷虾,

那是一种像火柴棍那么大的甲壳生物。

海洋里,这些小生物非常多,

蓝鲸对此了如指掌,

每天要吃掉四千万只磷虾。

鲸类有三个胃，用来消化食物。

第一个胃的作用，有点像我们用牙齿咀嚼。

这个胃装备着很多"牙齿"，

当它收缩的时候，食物就被碾碎了。

第二个胃是最重要的一个胃，

那里有许多不同的腺体分泌胃液，

使食物溶解。

消化过程在**第三个胃**里结束。

之后，食物进入肠道，

营养物质得以吸收。

鲸不是唯一有好几个胃的哺乳动物。

反刍动物，譬如牛，都有四个胃！

朝上的鼻子

我打赌你一定学过怎么在水里游泳。

当潜入水之前，你一定会深呼吸一下，

然后屏住呼吸，

直到重新浮上水面换气。

鲸也是这么干的，

只不过它们屏住呼吸的时间更长而已。

抹香鲸一般能屏气两个小时。

你的鼻子在脸的中间，

但是鲸的鼻子在脑袋上，

通常我们把它叫作**呼吸孔**。

须鲸有两个**呼吸孔**，

而齿鲸只有一个。

当需要呼吸的时候，鲸就垂直浮上海面。

呼吸孔打开，它们先**呼气**，

喷出鲸特有的水雾柱，

然后立刻**吸入**它们所需要的氧气，并再次下潜。

睡觉的时候，为了能够呼吸，鲸仍旧待在海面附近。

有些鲸甚至在睡觉的时候让呼吸孔露出水面。

人类的呼吸是在不经意间进行的，

但鲸不是这么回事，

哪怕睡着了，它们也得时刻警惕自己的呼吸。

小·心·溅水

蓝鲸

喷出的水柱又细又直，

以**9米**的高度，

在鲸类中拔得头筹。

弓头鲸

这种一分为二的V形水雾柱，

可以达到**7米**的高度。

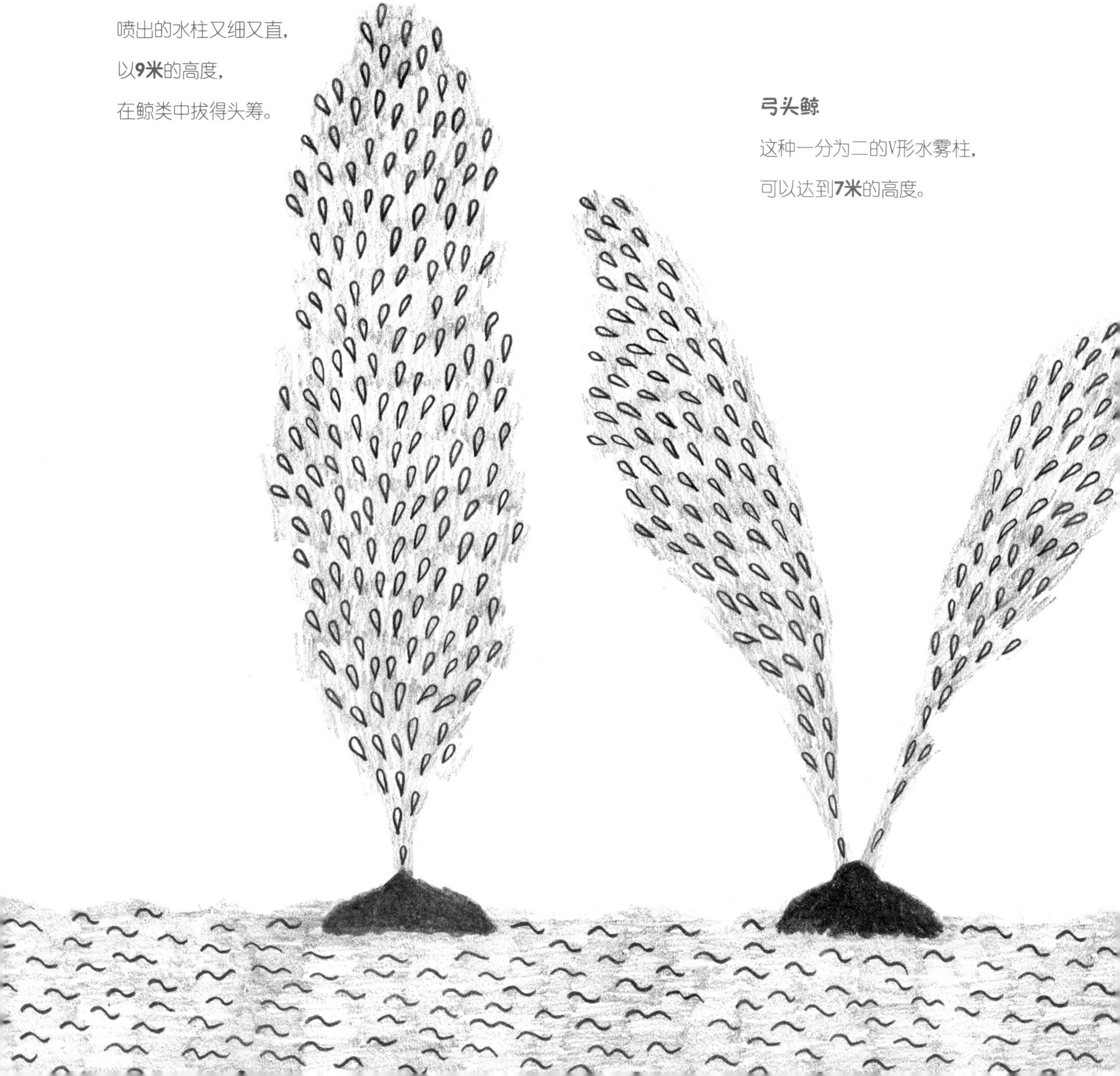

当鲸浮出海面呼吸时，

一股巨大的水柱从它的呼吸孔喷出。

但实际上，真正喷出的东西大部分是气体，

所以我们称之为水雾柱。

区分海洋哺乳动物喷出的水雾柱很重要。

区分不同种类的鲸的水雾柱也很重要。

即使是那些精于潜水的专业研究者，

在水下通过观察来辨识它们也是很难的，

所以学会观察在海面上能看到的部分很重要。

你怎么可能注意不到一股能达到三层楼那么高，

甚至更高的水雾柱呢？

每种鲸都有它们特有的水雾柱，

根据水雾柱的动量、形状和高度就能识别出来。

水雾柱由什么组成？

由气体、水汽、鲸体内的油脂和黏液组成。

座头鲸

它的水雾柱与众不同，

其宽度大于高度，

一般有**3米**高。

抹香鲸

抹香鲸的水雾柱一眼就可认出，

那是向前喷的，

可达到**2米**高。

哦！这只是潜水员在呼吸！

天生的杂技演员

哦，是的，鲸是天生的杂技演员。它们跳起来，溅起水花，翻转身体。

但它们最拿手的特技表演是什么呢？

破水而出

千万不要错过鲸**破水而出**的场面，这是你唯一能看到鲸全身的机会。它们整个儿从水里跳出来，背朝下或者腹部朝下落入水中，身体在空中完成翻转。

人类至今还不了解这种行为的原因。有人认为，它们这样做是因为处于求爱期，或者几头鲸之间在竞争。也有人认为这是在除去寄生虫。但很可能这只是鲸的一种娱乐方式。

鲸尾击浪

如果你看到一头鲸的尾巴伸出海面，那可要小心了，也许你正处于它的拍击范围内。所谓的**鲸尾击浪**，就是鲸扬起尾巴，拍打海面。据说这是一种恐吓入侵者的信号，也有可能是为了发出巨大的声音，用来和同类鲸联络。

浮窥

"谁往那里去了?!"

东看看, 西瞧瞧。

所谓**浮窥**就是指鲸把头伸出海面、观察海面情况的行为。

浮漂

厌倦了所有把戏,

跳跃了一整天后, 鲸需要休息一会儿!

它们**浮漂**在海面上,

竖立着的身体就像根树干。

这是一种集体行为,

一群鲸一起放松,

朝同一个方向伸展身体。

顶尖才能

回声定位

当你在水下，即使视力很好，也很难看清东西。

所以鲸，特别是齿鲸，

发展出了第六感来帮助它们探索周围。

它们依靠**回声**来"观看"。

鲸类的交流方式是这样的：

鲸发出声音，声音遇到最近的障碍物就反弹，

折回到鲸那里。

这对我们来说是很难想象的，

但回声使鲸即使在最黑暗的深海里，

也能确定自己的方位，

还能找到它们的猎物，并弄清楚那是什么猎物。

你知道轮船的雷达是怎么工作的吗？

基本就和鲸的回声定位是同样的原理。

语言

和我们人类一样，

鲸能发出一些具有特定意义的声音，

来和其他鲸"交谈"。

鲸能发出大量不同的声响，

每一种都指向一种特定的行为，或一种特别的情况。

我们现在已经可以确定，

在同一种类鲸的不同群体之间还存在"**方言**"。

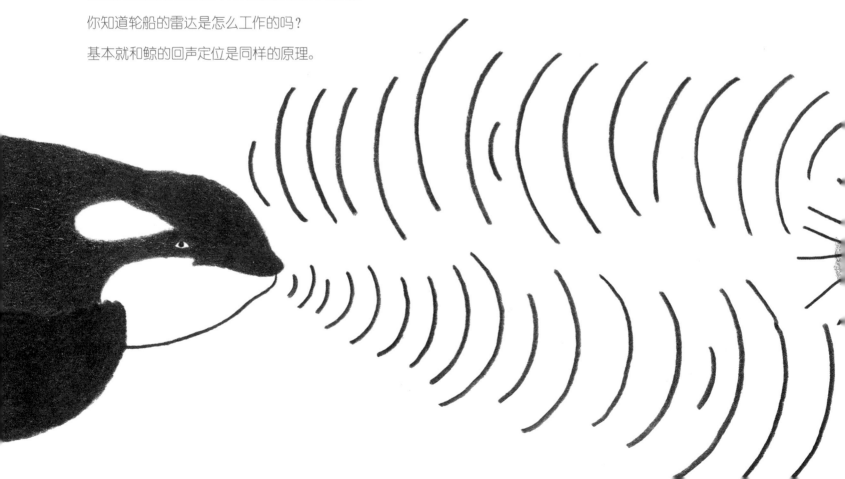

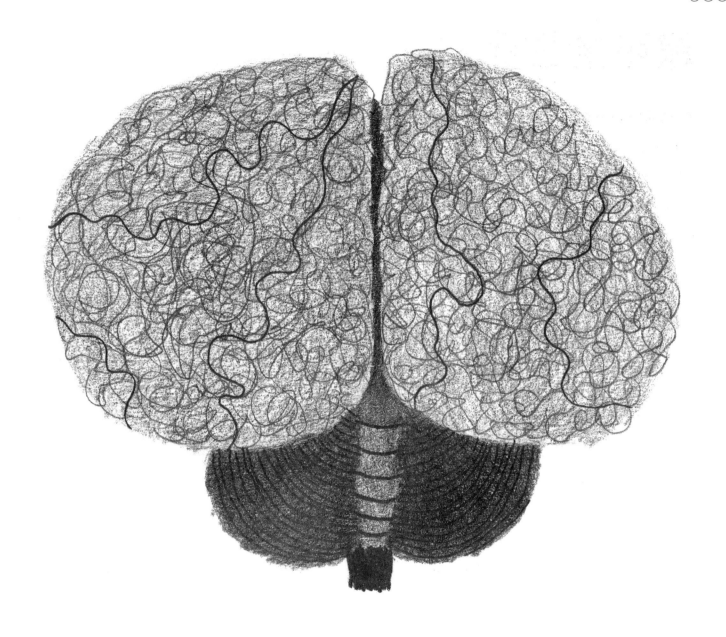

智商

鲸的大脑，在某些方面和人类非常相似。

那么它们的**智商**是否也接近人类的呢？

许多人认为，它们的聪明来自它们巨大的脑子，

显然脑子大和它们整个身体都庞大有关。

但除了观察脑子，更重要的是观察鲸的行为方式。

它们的大部分行为都复杂到足以证明它们的智商很高。

而且它们学得很快，

它们的知识会在家庭成员之间传承。

尤其在捕猎或保卫家庭的时候，

每一种鲸都有自己独特的策略。

遍布全世界

你住在哪座城市?

如果你问鲸这个问题,

它们可没法回答你。

它们居无定所!

整整一年,

在冬天, 在夏天,

从南方到北方,

又从北方到南方,

它们一直在**迁徙**。

它们在寒冷的季节**繁殖**, 建立家庭。

由于对新生的宝宝来说, 在温暖的水里成长很重要,

所以, "出发咯! 向赤道前进。"

到了温暖一点的季节, 冰雪融化的时候,

鲸就向极地进发,

因为那里有大量的磷虾和其他浮游动物,

全是它们最爱吃的**食物**。

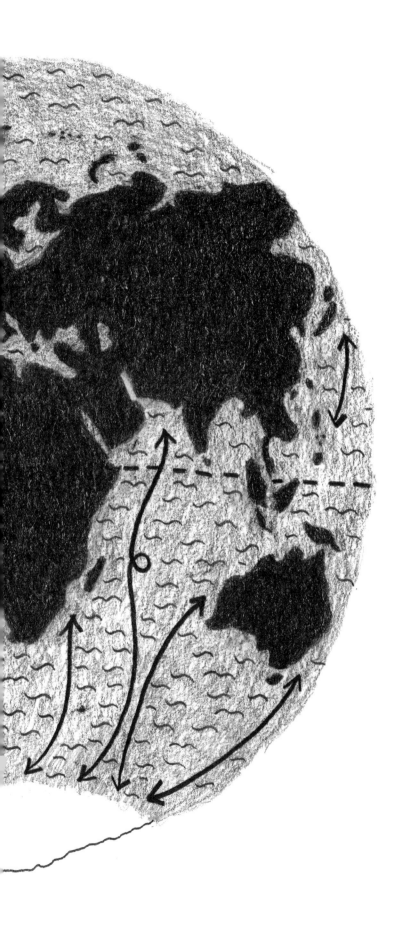

在鲸的各个种类中，须鲸是体形最庞大的旅行者。

而在齿鲸中，抹香鲸脱颖而出，全年迁徙的范围最广。

每种鲸都有自己特定的迁徙目的地。

例如，灰鲸的旅程就很出名，

每年它们都会先去墨西哥海域的潟 (xì) 湖越冬，

然后在二月前往北方寒冷的阿拉斯加海域。

在这张地图上，你能看到一些座头鲸的迁徙路线。

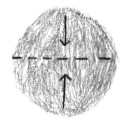

迁徙到**繁殖地**

（冬天）

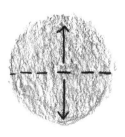

迁徙到**食物充足的海域**

（夏天）

孤单或合群?

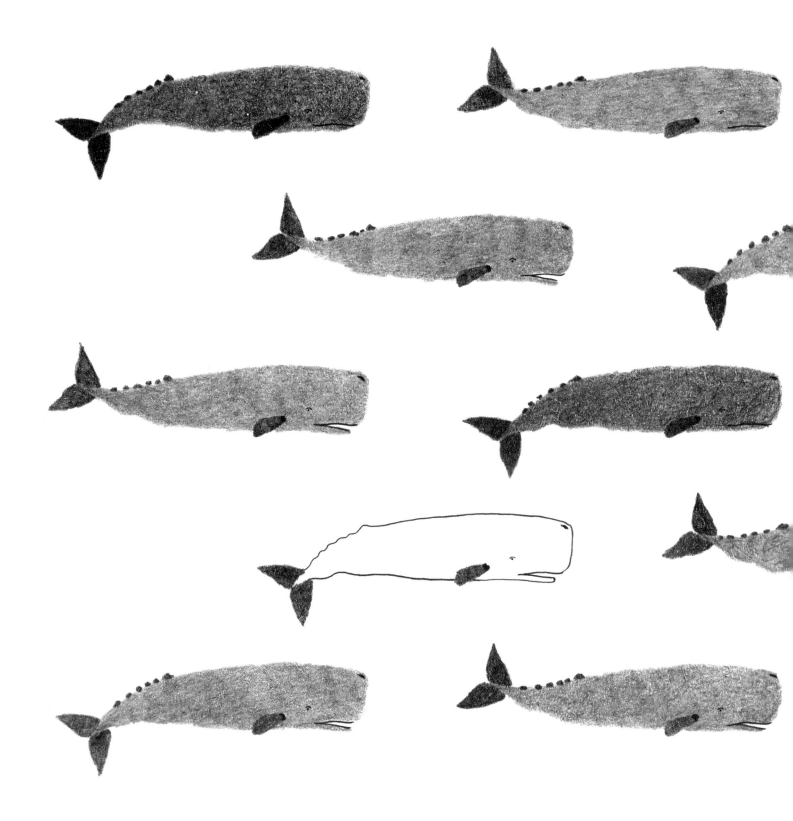

鲸群中的个体数量并无限制。

有些鲸类习惯离群索居，并无同伴，

但有些会组成一百多头的群体。

在鲸群中存在社会等级，它们共同捕食，互相照应。

座头鲸有个特别的习性：

当鲸宝宝诞生时，鲸妈妈往往会有一名护卫，负责保护
宝宝一年。

抹香鲸群往往成员众多，

有时可达一百五十头之多。

这儿就有一群! 看下面，一群抹香鲸来了。

如果仔细观察，你会看到一头白色的抹香鲸，

就像那头著名的白鲸莫比·迪克*。

* 指19世纪的美国小说家赫尔曼·梅尔维尔写的长篇小说《白鲸》中的角色。

巨婴

一头鲸的生命之旅是如何开始的呢?

让我们从头说起。

一般鲸怀孕的时间为1年。

抹香鲸是一个例外,

怀孕时间为18个月,

所以新生儿巨大无比。

小露脊鲸是最小的须鲸,

它的宝宝相当于一个成年人类那么大。

更别说蓝鲸宝宝了,

一出生就有7米长。

新生儿要做的第一件事情必定是呼吸,

在妈妈的帮助下,

它得立刻游到海面上去。

鲸鱼妈妈和宝宝之间的关系特别亲密,

有些情况下,它们会一辈子相依相伴。

母乳,母乳,更多的母乳

一些鲸的幼崽每天的喝奶量高达400升。

这么多奶,都可以把浴缸装满了!

母乳期通常持续大约1年,

但有些抹香鲸即使已经成年,

仍继续厚脸皮地喝它们妈妈的奶,

长达15年!

特殊的合作关系

藤壶

鲸如此巨大，

所以有些动物会把它们当成自己的栖身之所。

这就是**藤壶**正在干的事。

和许多人的想法不同，

藤壶并不是像虱子一样靠吸血为生的**寄生物**，

它们不过是居住在大型鲸类身上的**客人**，并不以鲸的身体为食。

这些小动物属于甲壳生物，

住在尖尖的壳里，

因此有个绰号叫"犬牙"。

鲫鱼

如果说藤壶把鲸当作栖身之所，

那么**鲫鱼**则把鲸当成一种交通工具。

这种鱼有一种特殊的能力，

它们脑袋的一部分能像吸盘一样，吸附在其他东西的表面。

鲫鱼吸附在鲸的身上，是为了能更快地迁徙，

同时也免受其他肉食动物的伤害，

因为谁都不敢招惹它们的那个巨大的旅伴。

和人类的关系

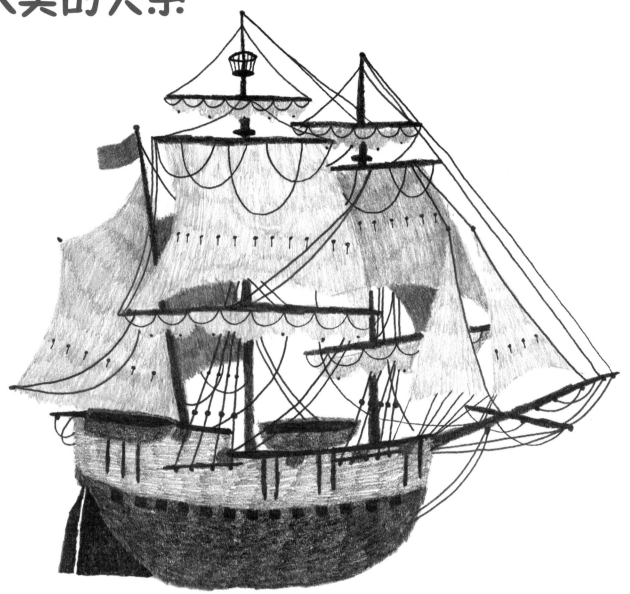

捕猎

很不幸，鲸和人类之间的主要关系居然是**捕猎**。

捕鲸起源甚早。

挪威人在公元前两千年就开始捕鲸了，

到了十七、十八世纪，捕鲸成了一项流行活动。

其实鲸肉并不好吃，

人类捕鲸更多是为了提取鲸脂肪中的油，

这种油被称为"液体黄金"，

有多种用途，

但主要被用来点家里的灯。

到了1986年，这些海洋哺乳动物已濒临灭绝，

人类才在全球范围内禁止了商业捕鲸活动。

但直到今天，仍有一些人试图绕开法律继续捕鲸。

亚哈船长是文学作品中最有名
的捕鲸者。

最令他魂牵梦萦的就是白色的
抹香鲸莫比·迪克，

他从未停止过猎杀它的脚步。

有一个原住民群体坚持使用**传统的
方法**捕鲸。

他们住在世界上最冷的地方，
捕鲸对他们来说是关乎生存的活动。

观鲸

当然，不是每个人都怀着叵测的意图。

观鲸是一种前往大海观赏鲸的旅行，

人们希望能在那里遇到这些庞大的动物，

并拍照留影。

世界上有许多地方可以观鲸，

譬如在意大利，主要的观鲸地点在利古里亚大区。

鲸的家族

露脊鲸

南露脊鲸

北露脊鲸

目: 鲸目

亚目: 须鲸亚目

科: 露脊鲸科

长度: 11~18米

重量: 30~80吨

露脊鲸的**皮肤**基本都是黑色的。

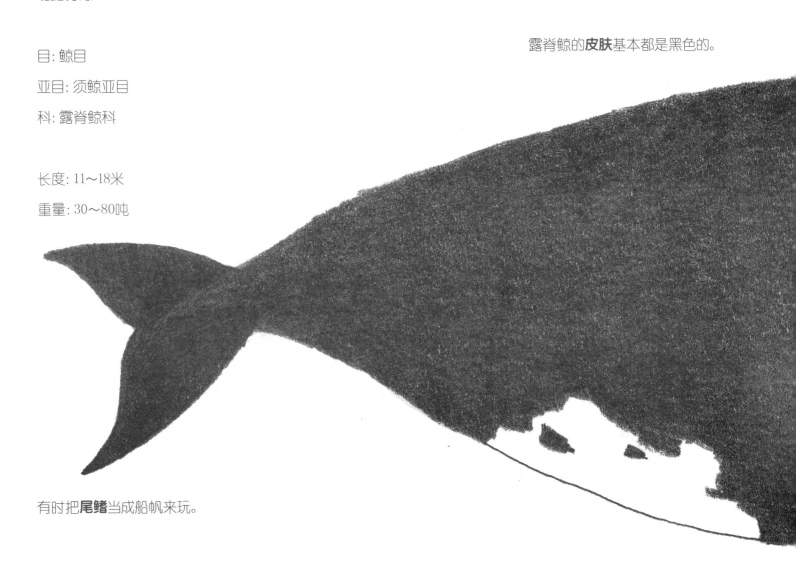

有时把**尾鳍**当成船帆来玩。

只在**腹部**可见一些白斑。

水雾柱呈典型的V形，

能喷到5米的高度。

通常在鼻子和下颌处有很多**硬茧**。

露脊鲸从来不考虑速度的事情，

总是慢悠悠、安静地游着。

千万别被它的外表糊弄了，

当需要的时候，它也可以成为运动健将，

跳跃、表演特技都不在话下。

露脊鲸还有一个特别的游泳技能：

把尾鳍露出海面，如同船帆，

让自己乘风遨游。

它们是非常谨慎的鲸，

在群落里，每次只有一头会浮出海面。

弓头鲸

目: 鲸目

亚目: 须鲸亚目

科: 露脊鲸科

长度: 11～18米

重量: 30～80吨

皮肤颜色有黑色的, 也有蓝色的。

一些弓头鲸在接近**尾鳍**处有一块白斑。

胸鳍的形状有点像船桨。

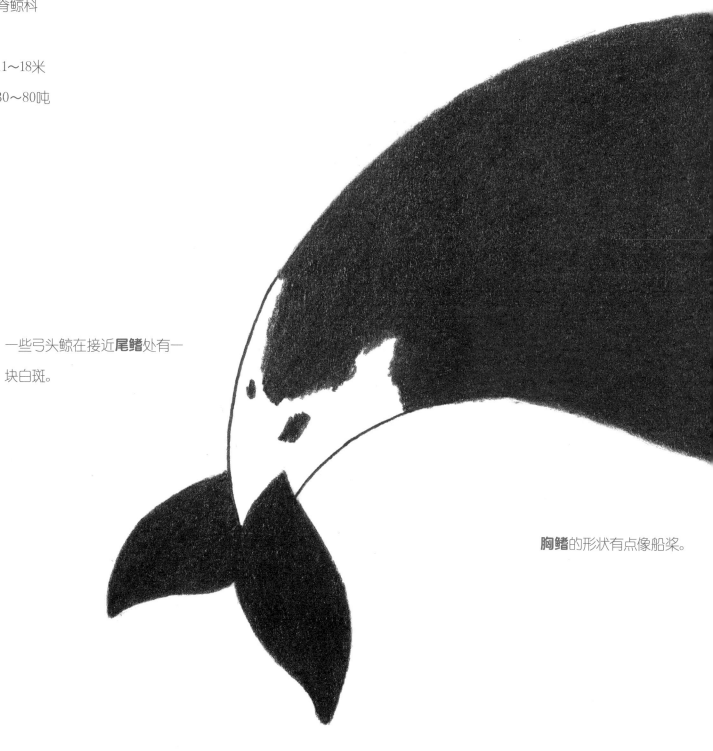

水雾柱是V字形的，
能喷到7米的高度。

最显著的特征就是
下颌处有一大块白斑。

关于弓头鲸，我们所知甚少，
它们非常害羞，很难见到。
它们爱严寒和冰雪，住在北极周围的海洋里。
它们居住地的范围随着温度的升降、
浮冰的融化或重新冰冻而变化着。
为了呼吸，它们有时得顶穿冰层，
把头伸出来。

小·露脊鲸

目: 鲸目

亚目: 须鲸亚目

科: 新须鲸科

长度: 5.5~6.5米

重量: 3~3.5吨

虽然不是长须鲸，
但它有一个**背鳍**。

腹部的颜色有淡灰色, 也有白色,
比**背部**的颜色浅一点。

很难根据**水雾柱**辨别出小露脊鲸，
因为它喷出的水雾柱总是很小，看不清楚。

胸鳍背面是深色的，
另一面是浅色的。

小露脊鲸是须鲸中体形最小的。

话虽如此，它仍然比三个人的身高之和还要长。

据说小露脊鲸非常稀少，

也有可能是因为它们太害羞了，

总是躲开人类的窥探。

但它们会躲避的只有人类，

它们经常和其他种类的鲸一起遨游。

灰鲸

目: 鲸目

亚目: 须鲸亚目

科: 灰鲸科

长度: 12~14米

重量: 15~35吨

背上有**隆突**,
有点像背鳍。

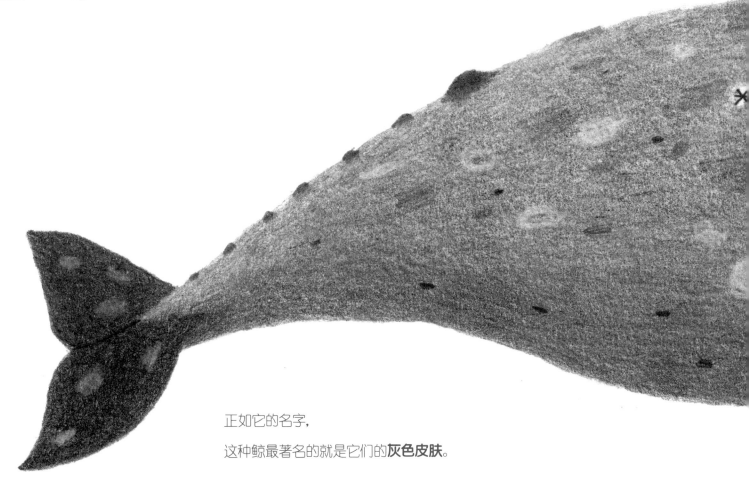

正如它的名字,
这种鲸最著名的就是它们的**灰色皮肤**。

V形**水雾柱**能达到4米的高度。

身体上有**鲸虱**和**藤壶**。

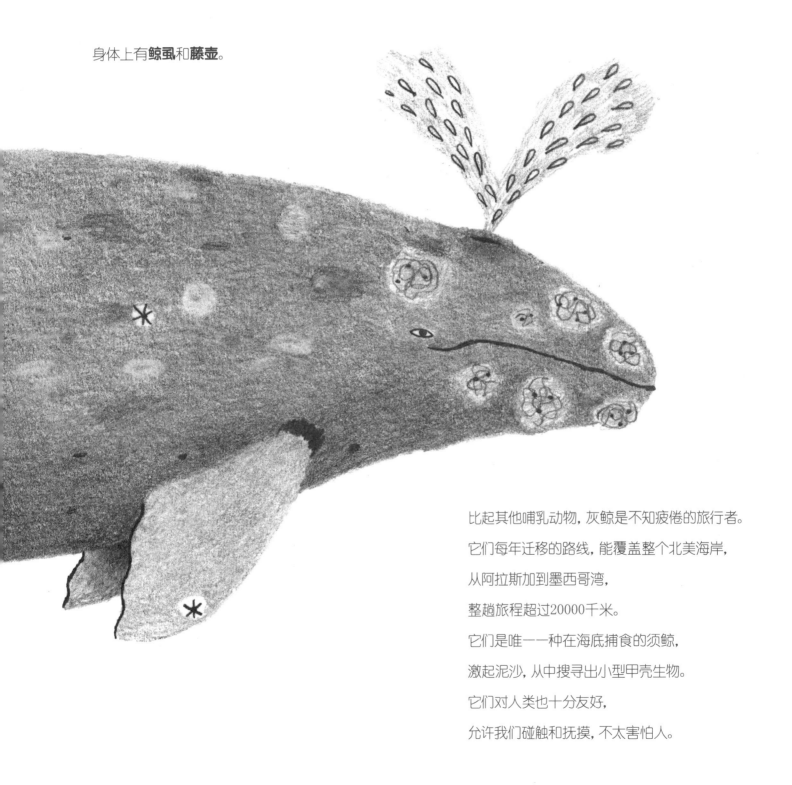

比起其他哺乳动物, 灰鲸是不知疲倦的旅行者。

它们每年迁移的路线, 能覆盖整个北美海岸,

从阿拉斯加到墨西哥湾,

整趟旅程超过20000千米。

它们是唯一一种在海底捕食的须鲸,

激起泥沙, 从中搜寻出小型甲壳生物。

它们对人类也十分友好,

允许我们碰触和抚摸, 不太害怕人。

座头鲸

目: 鲸目

亚目: 须鲸亚目

科: 须鲸科

长度: 11.5～15米

重量: 25～30吨

有深色的**皮肤**，

从蓝黑色到深灰色都有。

尾鳍底面的白色斑点是识别鲸身份的重要标志，有点像我们的指纹。

胸鳍是座头鲸特征最明显的部位：特别长，足足有5米，所以在希腊语中，座头鲸被称为"大翅膀"也不奇怪啦！

喷出的**水雾柱**的宽度接近4米，
大于高度。

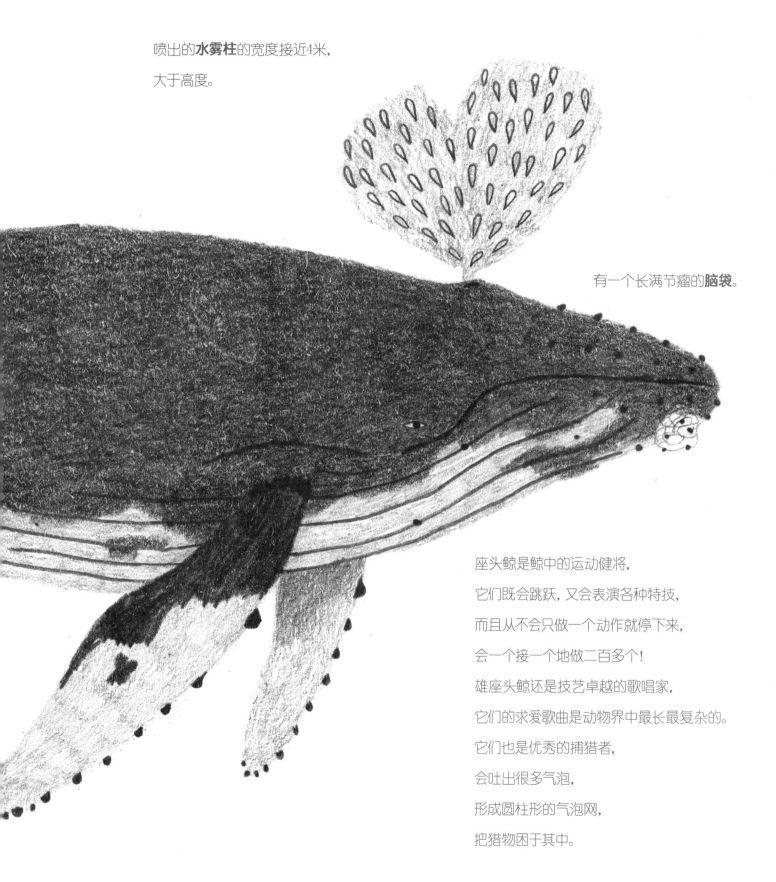

有一个长满节瘤的**脑袋**。

座头鲸是鲸中的运动健将，
它们既会跳跃，又会表演各种特技，
而且从不会只做一个动作就停下来，
会一个接一个地做二百多个！
雄座头鲸还是技艺卓越的歌唱家，
它们的求爱歌曲是动物界中最长最复杂的。
它们也是优秀的捕猎者，
会吐出很多气泡，
形成圆柱形的气泡网，
把猎物困于其中。

蓝鲸

目: 鲸目

亚目: 须鲸亚目

科: 须鲸科

长度: 24～30米

重量: 120～180吨

白点分布于整个身体。

名字来自它独特的蓝灰色。

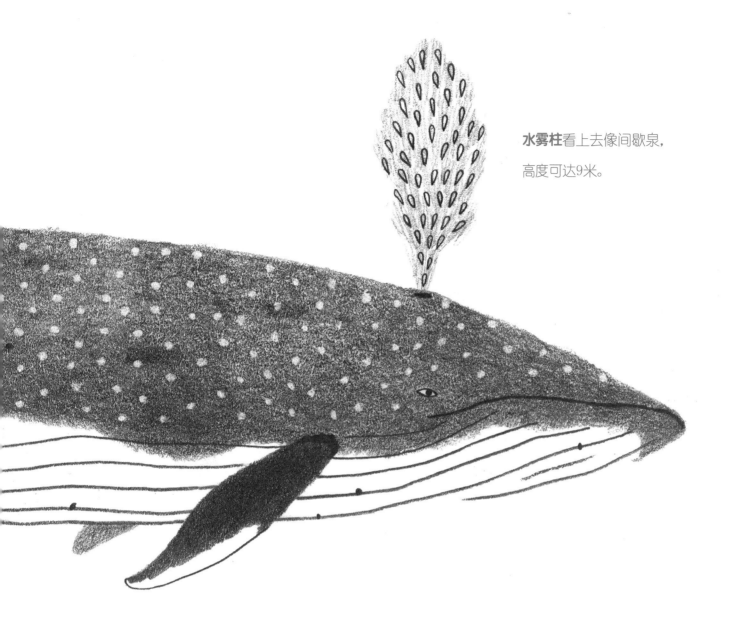

水雾柱看上去像间歇泉，
高度可达9米。

喉腹部是浅色的，
褶层多达90层。

蓝鲸是地球上最大的动物，
超越一切，
甚至超越某些已经灭绝的动物。
为了维持巨大的体形，
它需要大量进食，
每天可吃4吨磷虾！
但沉重并不意味着慢吞吞。
蓝鲸的速度非常快，
每小时可游30千米。

长须鲸

目: 鲸目

亚目: 须鲸亚目

科: 须鲸科

长度: 18～22米

重量: 30～80吨

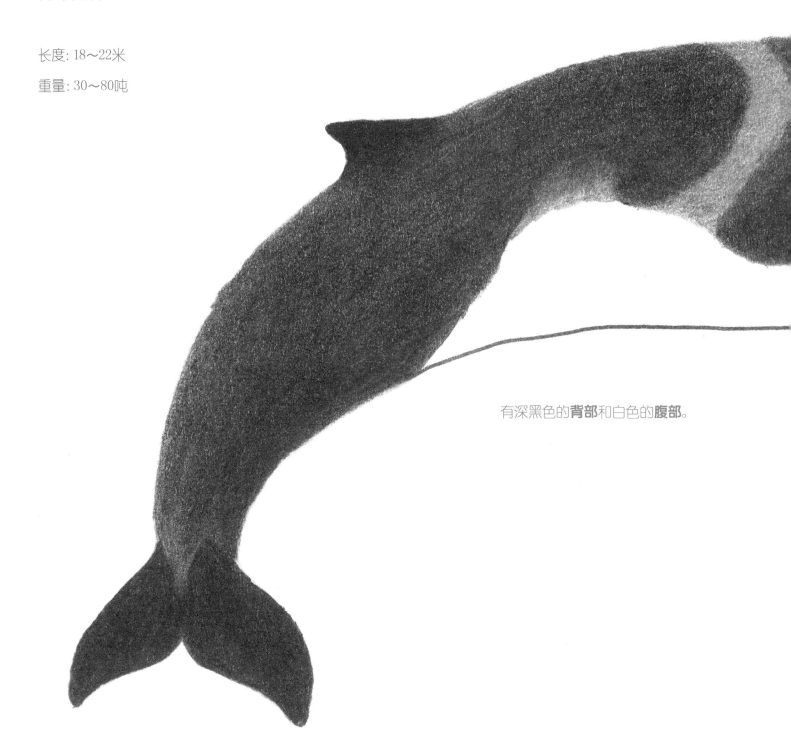

有深黑色的**背部**和白色的**腹部**。

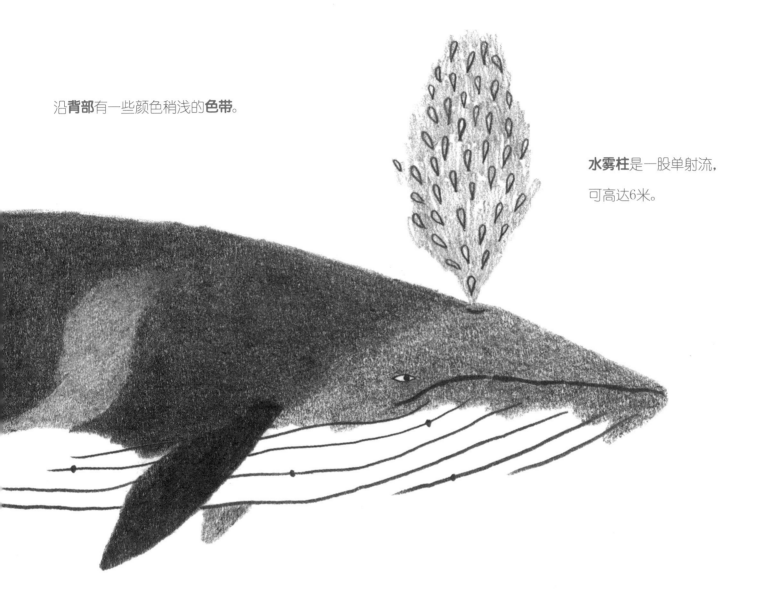

沿**背部**有一些颜色稍浅的**色带**。

水雾柱是一股单射流，

可高达6米。

下颌两边的颜色不一样，

右边是白色的，

左边是和背部一样的黑色。

长须鲸是世界上第二大的动物，仅次于蓝鲸。

长须鲸和蓝鲸看上去很相似，

特别是在海上与它们擦肩而过时，

很容易把两者弄混。

长须鲸是赤道以北分布最广的一种鲸，

甚至在地中海都有。

小·须鲸

目: 鲸目

亚目: 须鲸亚目

科: 须鲸科

长度: 7~10米

重量: 5~15吨

在所有须鲸中, 它的**背鳍**是最发达的。

腹部的白色一直延伸到背的两边。

水雾柱的高度能达到3米，
但我们很少看到。

背部的颜色从黑色到褐色都有。

最显著的标志是**胸鳍**上的白色带。

这个名字表明
它们是须鲸科中最小的。
它们是非常好奇的生物，
经常会观察或跟踪船只，
大概在思考，这船到底是什么动物呢？
但如果闻到危险的味道，
在你还没察觉的时候，
它们便以最快的速度逃之夭夭了。
它们常与海鸥结伴捕鱼，
一起享用豪华盛宴。

抹香鲸

目: 鲸目

亚目: 齿鲸亚目

科: 抹香鲸科

有一个圆圆的**隆突**很像背鳍。

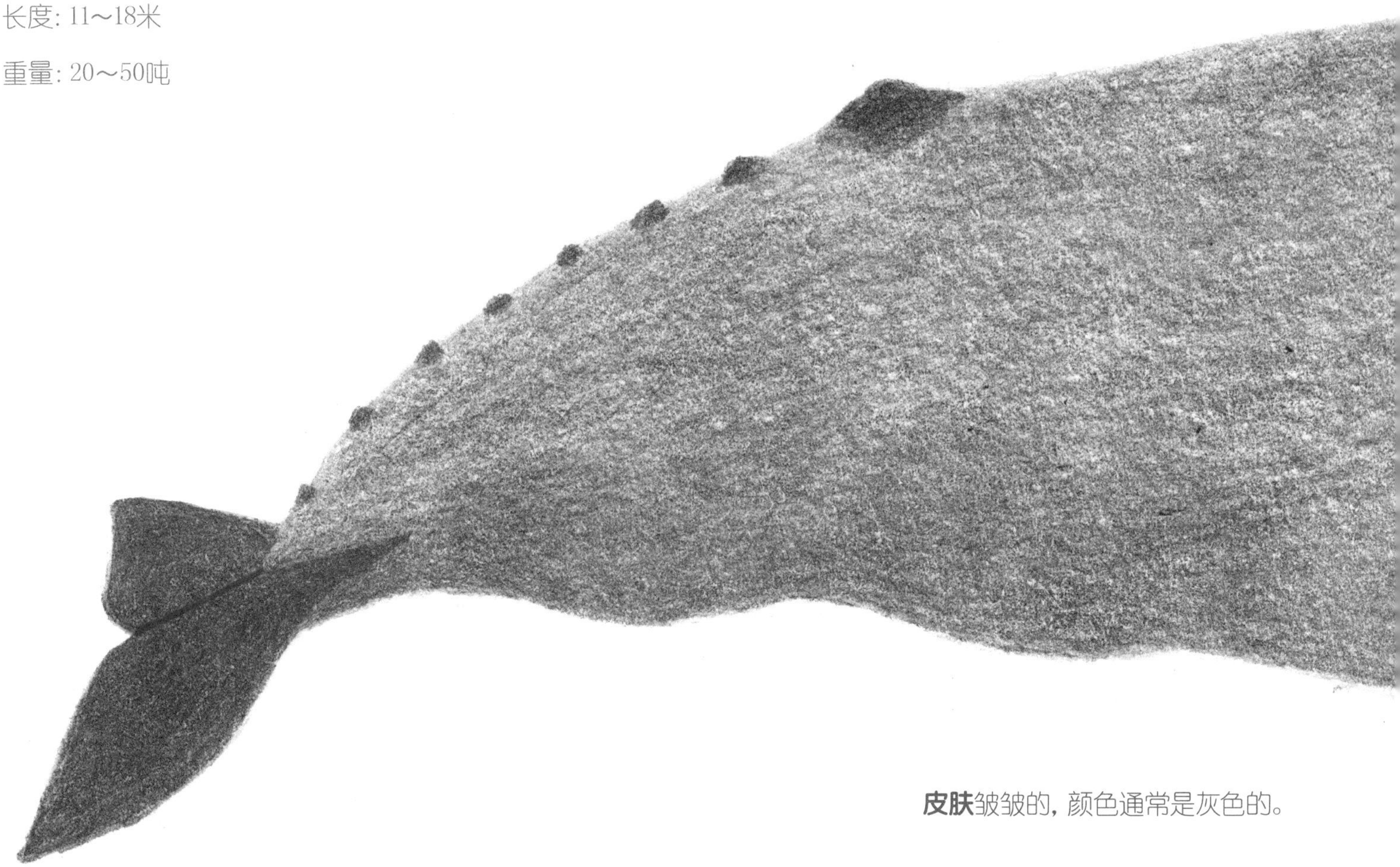

长度: 11～18米

重量: 20～50吨

皮肤皱皱的, 颜色通常是灰色的。

巨大的**尾鳍**是三角形的。

头十分巨大，
上面有很多疤痕，
这些疤痕来自雄性抹香鲸之间的争斗。

水雾柱很特别：
是斜着喷射的，
高度大约2米，
宽度达到5米。

你不会没听说过《白鲸》里的白色抹香鲸莫比·迪克吧？
在所有齿鲸中，抹香鲸最巨大，
但我们只是因为它的体形而称之为鲸的，
其实它的其他方面都与海豚更接近。
抹香鲸擅长潜水，
能潜到海下3000米的地方寻找乌贼。
它们甚至能屏气两个小时。

虎鲸

目: 鲸目

亚目: 齿鲸亚目

科: 海豚科

长度: 5.5～10米

重量: 2.6～9吨

身体颜色很分明:

背上全是黑色,

腹部是白色,

眼睛后方有白色斑点。

虎鲸的**尾鳍**一面是黑色的, 一面是白色的。

大胸鳍的形状有点像铲子。

雄性虎鲸的**背鳍**特别发达，
能有2米高。

当接触到冷空气时，
水雾柱特别明显。

虎鲸的家族关系十分紧密，
它们一生都相守在一起。
每个群体都会说它们自己特殊的"方言"！
传说它们生性凶残，
但事实上它们不会袭击人类。
它们只是非常好奇，有时甚至会来接近我们。
但如果附近正好有海鸥或企鹅，
那它们当然也不会客气。

著作权合同登记号：01-2020-0240

Author：Andrea Antinori
A BOOK ABOUT WHALES

图书在版编目（CIP）数据

鲸之书 /（意）安德列·安蒂诺里绘著；和铃译.
-- 北京：人民文学出版社, 2022
ISBN 978-7-02-017311-2

Ⅰ.①鲸… Ⅱ.①安… ②和… Ⅲ.①鲸 – 儿童读物
Ⅳ.①Q959.841-49

中国版本图书馆CIP数据核字(2022)第123207号

责任编辑　朱卫净　　杨　芹
封面设计　汪佳诗

出版发行　人民文学出版社
社　　址　北京市朝内大街166号
邮政编码　100705

印　　制　山东新华印务有限公司
经　　销　全国新华书店等

字　　数　61千字
开　　本　850毫米×1092毫米　1/12
印　　张　$5\frac{1}{3}$
版　　次　2022年10月北京第1版
印　　次　2022年10月第1次印刷

书　　号　978-7-02-017311-2
定　　价　69.00元

如有印装质量问题，请与本社图书销售中心调换。电话：010-65233595